Kiran Prajapati

Efeitos da Radiação Ultravioleta na Lente da Rã

Kiran Prajapati

Efeitos da Radiação Ultravioleta na Lente da Rã

ScienciaScripts

Imprint
Any brand names and product names mentioned in this book are subject to trademark, brand or patent protection and are trademarks or registered trademarks of their respective holders. The use of brand names, product names, common names, trade names, product descriptions etc. even without a particular marking in this work is in no way to be construed to mean that such names may be regarded as unrestricted in respect of trademark and brand protection legislation and could thus be used by anyone.

Cover image: www.ingimage.com

This book is a translation from the original published under ISBN 978-620-2-05311-2.

Publisher:
Sciencia Scripts
is a trademark of
Dodo Books Indian Ocean Ltd. and OmniScriptum S.R.L publishing group

120 High Road, East Finchley, London, N2 9ED, United Kingdom
Str. Armeneasca 28/1, office 1, Chisinau MD-2012, Republic of Moldova, Europe
Printed at: see last page
ISBN: 978-620-7-73461-0

Copyright © Kiran Prajapati
Copyright © 2024 Dodo Books Indian Ocean Ltd. and OmniScriptum S.R.L publishing group

ÍNDICE

RECONHECIMENTO

Gostaria de expressar a minha gratidão ao meu estimado orientador, Professor U M Rawal, não só por ter sido o meu guia de investigação, mas também por ter sido uma fonte constante e infalível de inspiração e encorajamento ao longo deste projeto.

A sua paciência e orientação constituem a espinha dorsal do meu trabalho de investigação.

Estou igualmente grato à Dra. N J Chinoy, Chefe do Departamento de Zoologia, por me ter concedido instalações laboratoriais sem as quais o projeto não poderia ter progredido.

Gostaria também de agradecer ao Dr. Nayan K Jain pela sua cooperação e sugestões.

Agradeço sinceramente a valiosa cooperação e ajuda prestada pelos meus queridos colegas.

Por último, os meus agradecimentos especiais aos meus familiares pelo seu amor e encorajamento durante este período de projeto.

Kiran Prajapati

LISTA DE ABREVIATURAS

UV	Ultraviolet
DNA	Deoxyribonucleic acid
RNA	Ribonucleic acid
GSH	Glutathione reduced
DTNB	5,5'-dithio bis-2-Nitro Benzoic Acid
EDTA	Ethylene Diamine Tetra Acetic Acid
TCA	Trichloro Acetic Acid

CAPÍTULO-1

INTRODUÇÃO

RADIAÇÃO ULTRAVIOLETA E CRISTALINO DA RÃ

O homem e os animais podem definir e apreciar a imagem do mundo através do sentido único da visão. Os invertebrados têm geralmente olhos que são simples fotorreceptores, sensíveis à direção e à intensidade da luz.

O sentido da luz através do qual a luz é percepcionada como tal e a gradação da sua intensidade é apreciada. Este é o mais fundamental dos sentidos visuais, que está muito desenvolvido em muitos vertebrados e, nalguns, mais do que no homem. Nalguns animais, uma perceção aguda da luz torna-se uma necessidade biológica, enquanto noutros, a acuidade visual tem uma utilidade maior. Assim, o cristalino participa principalmente no processo de acomodação e, por vezes, como dispositivo de captação da luz, como acontece nos vertebrados.

O que é curioso, no entanto, no que respeita à evolução do olho dos vertebrados é a aparente rapidez do seu aparecimento e a elaboração das suas estruturas nas primeiras fases conhecidas. O olho dos vertebrados é muito fiel ao tipo (Bellairs e Underwood, 1951) e é constituído essencialmente por uma retina derivada do ectoderma neural, uma lente derivada do ectoderma superficial, uma úvea com uma função nutritiva, uma túnica protetora cujo segmento anterior é transparente e uma câmara escura preenchida pelo corpo vítreo, estando todo o órgão encerrado na cavidade orbital e movido por um grupo de músculos extra-oculares.

O olho dos anfíbios:

O olho da rã foi provavelmente objeto de um estudo mais pormenorizado do que o de qualquer outro vertebrado, com exceção do homem. O globo é quase esférico, a córnea e a esclera mantêm a mesma curvatura. A córnea no estágio larval tem a forma duplex de muitos peixes, com a porção dérmica separada da esclera; a fusão, no entanto, ocorre no adulto, de modo **que** a estrutura totalmente **metamorfoseada** tem as características típicas dos **vertebrados**.

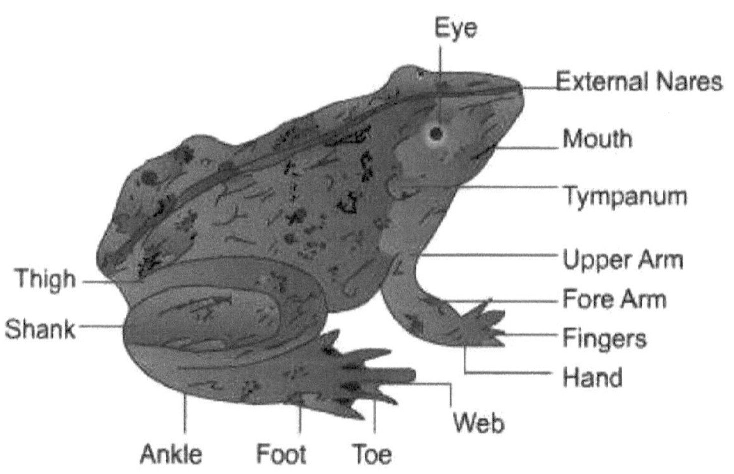

Eye
External Nares
Mouth
Tympanum
Upper Arm
Fore Arm
Fingers
Hand
Web
Thigh
Shank
Ankle
Foot
Toe

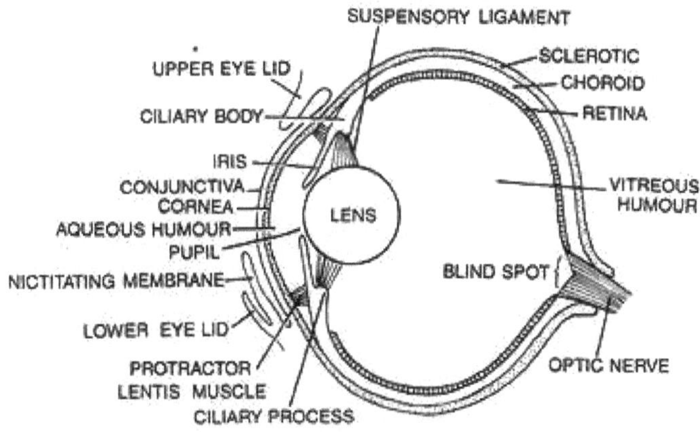

O corpo ciliar é bem formado e tem uma forma triangular. No aspeto interno, a dupla camada de epitélio está disposta em numerosas pregas ciliares meridionais que correm anteriomente para a parte posterior da íris e das quais se originam as fibras da zónula (Teulieres e Beauviex, 1931). Dorsal e ventralmente, estas pregas são hipertrofiadas, duas ou três pregas vizinhas dorsalmente, uma única prega ventralmente e, na maioria das espécies, continuam até à margem papilar, onde se espessam para formar os nódulos papilares dorsais e ventrais; as suas funções podem ser manter a íris afastada do cristalino e, assim, permitir que o aquoso flua para trás quando o cristalino é puxado para a frente para acomodação (v. Hess, 1912).

A íris é fina e delicada. Ambas as camadas da retina são pigmentadas e estão presentes um esfíncter ectodérmico e dilatadores de células mioepiteliais (Grynfeltt, 1906; Tretjakollf 1906). O estroma está repleto de melanóforos, bem como de células que contêm pigmentos carotenóides amarelos, castanhos e acobreados, frequentemente associados a um brilho metálico devido à presença de cristais de guanina. Como resultado, a íris é geralmente brilhantemente colorida, como se tivesse sido polvilhada com um pó dourado ou de bronze, de modo a estimular o aspeto lustroso do ouro velho ou do lacaio chinês (Millot, 1923, Mann

1931). Os vasos da íris estão dispostos no mesmo plano geral que os dos peixes; várias artérias superficiais correm irregularmente e circunferencialmente na superfície, seguindo um curso tortuoso em direção à pupila e drenando para veias que seguem um curso radical, mas que se encontram a um nível mais profundo e que, por isso, são normalmente ocultadas pela forte pigmentação (Mann, 1929-31).

A retina visual é avascular e tem a arquitetura habitual dos vertebrados, sendo as camadas de espessura média. As células visuais, no entanto, são de interesse invulgar e têm sido objeto de muito estudo. São geralmente de quatro tipos, todos eles grandes e de estrutura grosseira; foram descritos bastonetes violeta e verde, cones simples e elementos visuais duplos, elementos visuais triplos brancos. Os ADNEXA oculares são muito diferentes dos dos peixes, pois no adulto é necessário um complicado sistema de proteção e lubrificação para proteger um olho exposto ao ar; as pálpebras estão, portanto, ausentes nas larvas dos anfíbios, todos eles aquáticos, e nas rãs adultas que não saem da água. Na maioria, porém, que vive a sua vida adulta em terra, desenvolvem-se durante a metamorfose uma pálpebra superior e uma inferior curtas (Maggiore, 1912); a pálpebra superior é imóvel, mas associada à inferior e a pregas elásticas translúcidas forma uma falsa membrana nictitante, cujo bordo livre é geralmente manchado com um pigmento bronze brilhante. A lubrificação é efectuada por um desenvolvimento de glândulas na margem da pálpebra superior (Borkman & Mc Laughlin, 1995).

RADIAÇÃO ULTRA-VIOLETA

O sol é a fonte natural da maior parte da radiação electromagnética na nossa atmosfera. Dependendo da localização geográfica, estamos constantemente expostos a uma parte do espetro eletromagnético, principalmente na região do ultravioleta, do visível e do infravermelho (Augusteane, Biomendel, 1981). O espetro eletromagnético consiste em energia radiante que é classificada de acordo com um comprimento de onda específico. Este comprimento de onda varia desde os raios cósmicos muito curtos (10-5nm), presentes principalmente no espaço interestelar, até aos comprimentos de onda mais longos (1 a 1000 metros). Estes são utilizados em várias formas de transmissão de rádio e televisão.

As moléculas de ozono, oxigénio, água e dióxido de carbono na nossa atmosfera filtram uma parte significativa da radiação solar (Anderson & Spector, 1978). O oxigénio e a camada de ozono protegem-nos do comprimento de onda mais curto e letal (10 a 250 nm) da região ultravioleta. A água e o dióxido de carbono diminuem os níveis de radiação infravermelha no nosso ambiente (Alcala, Maisel, 1985).

A estrutura química das moléculas determinará os comprimentos de onda específicos da radiação não ionizante que serão absorvidos. Ao considerar o efeito da radiação ultravioleta proveniente do sol, deve notar-se que o oxigénio absorve a maior parte da radiação ultravioleta entre 40 e 200 nm. Isto resulta na geração de oxigénio atómico. Ou seja, uma molécula de oxigénio, quando irradiada com luz ultravioleta de 150 nm, gera dois átomos de oxigénio. A maior parte do oxigénio atómico produzido por esta reação recombina-se com o oxigénio molecular para formar ozono (O3). A energia da luz absorvida nesta reação é libertada sob a forma de calor. Assim, a camada de ozono na atmosfera fica mais quente. O ozono absorve uma quantidade significativa de radiação ultravioleta, com pico de absorção a cerca de 260 nm. Isto resulta na formação de oxigénio molecular e atómico (O3 + UV a 260 nm=O2 + O). A maior parte do oxigénio atómico produzido nesta reação recombina-se com o oxigénio molecular para formar o ozono. A camada de ozono filtra essencialmente toda a radiação ultravioleta abaixo de 280 nm. Ao nível do mar, o comprimento de onda da radiação ultravioleta proveniente do Sol situa-se entre 280 e 390 nm. Assim, a camada de ozono na nossa atmosfera absorve ou remove a maior parte da radiação ultravioleta letal emitida pelo sol, permitindo a continuação da vida na terra (Lerman, s. 1980).

A parte UV do espetro eletromagnético pode ainda ser dividida em radiação UVC, UVB e UVA.

Esta classificação resulta, em parte, da reação com os tecidos.

1. A radiação UVC proveniente do sol, com comprimentos de onda entre 200 e 290 nm, é eficazmente filtrada pela camada de ozono da troposfera (7 a 18 km de distância da superfície da crosta terrestre) e não atinge a superfície terrestre.

2. UVB com comprimentos de onda entre 290 e 320 nm.

3. UVA com comprimentos de onda de 320 - 400 nm.

Tanto a radiação UVB como a UVA do sol atingem a superfície da Terra.

Os efeitos nocivos da radiação UV incluem a inibição da síntese de ADN, ARN e proteínas, a inibição da divisão celular e alterações na permeabilidade e motilidade celulares. Foi também demonstrado que a radiação ultravioleta é mutagénica e carcinogénica. A radiação UV também provoca alterações químicas e físicas no ADN, ARN e proteínas, em especial nos aminoácidos aromáticos fenilalanina, tirosina e triptofano, devido à presença de 1 eletrão. Todos estes cromóforos absorvem uma quantidade significativa de radiação UV superior a 250 nm. A radiação UV superior a 280 nm constitui uma ameaça potencial devido à sua presença no nosso ambiente. Os três aminoácidos sulfurados cisteína, metionina e cistina são também importantes porque absorvem comprimentos de onda superiores a 250 nm a pH neutro e alcalino.

Para além da pele, o olho é o único órgão de tecido do corpo particularmente sensível aos comprimentos de onda da radiação não ionizante (>280 nm) normalmente presente no ambiente. A córnea normal, o humor aquoso, a lente ocular e o humor vítreo são quase completamente transparentes a todos os comprimentos de onda mais curtos da luz visível. Por conseguinte, não se podem prever danos fotoquímicos nos seus componentes oculares provocados pela radiação visível. Por outro lado, a retina, com os bastonetes e cones fotorreceptores e os pigmentos oculares, está abundantemente provida de cromóforos cuja função é absorver a luz visível. Consequentemente, este tecido é suscetível de fotossíntese direta e indireta.

Uma vez que a córnea filtra eficazmente todas as radiações UV inferiores a 295 nm, é capaz de causar efeitos no interior do olho. O humor aquoso, que ocupa o espaço entre a córnea e o cristalino, tem uma composição semelhante à da solução salina normal e a maior parte da radiação UV incidente no humor aquoso é transmitida ao cristalino. Desta forma, a lente ocular é o único tecido intraocular que está continuamente exposto à radiação UV ao longo da vida.

O núcleo do cristalino, que é de especial interesse para nós, torna-se facilmente visível após a primeira ou segunda década de vida e aumenta de tamanho à medida que o indivíduo envelhece. É composto principalmente por proteínas insolúveis, em comparação com as três fracções cristalinas solúveis (α, β e γ) que compreendem a maior parte das proteínas do córtex. O aumento da cor amarela a castanho-amarelada do núcleo do cristalino à medida que envelhece parece estar relacionado com os compostos fluorescentes associados à fração proteica específica do cristalino ocular, ou seja, à medida que o cristalino envelhece, apresenta uma absorção crescente de luz na região UV de 300 a 400 nm. A lente, à medida que envelhece, apresenta uma absorção crescente de luz na região UV de 300 a 400 nm e na região visível, que pode ser causada pelo aumento da geração fotoquímica de pigmentos coloridos no núcleo da lente.

Agora, coloca-se a questão da intensidade da luz UV no ambiente. Estima-se que cerca de 8% (11 mw/cmy) da radiação solar acima da atmosfera incide na região dos comprimentos de onda de 300 a 400 nm. Ao nível do mar, esta percentagem diminui para 2 a 5 mw/cmy, consoante a localização geográfica e a estação do ano. Embora apenas uma pequena parte da radiação solar entre normalmente no olho, a exposição contínua do cristalino à radiação UV entre 295 e 400 nm pode resultar em danos fotoquímicos cumulativos.

A absorção na região de 280 nm das proteínas deve-se principalmente aos aminoácidos aromáticos triptofano, tirosina e fenilalanina. Um espetro típico de absorção de UV para a gama cristalina humana demonstra que a maior parte da absorção de UV a 280 nm se deve ao resíduo de tirosina, com o ombro de 295 nm causado pelo triptofano e a absorção de comprimento de onda mais curto devido à fenilalanina a 280 nm.

O glutatião encontra-se numa concentração inferior à normal no cristalino ocular, devido à fração crucial do 3-aminotriazol para inibir a enzima catalase nas células do cristalino. O efeito do 3-aminotriazol é bloquear o mecanismo de defesa normal das células contra os danos causados pelos radicais livres, pelo que o tratamento do glutatião no cristalino tem uma importância significativa.

A radiação UV pode exercer o seu efeito no cristalino actuando sobre alguns dos resíduos de triptofano ligados à proteína, o que é induzido por determinados resíduos de triptofano. A ativação do triptofano pela radiação UV resulta na produção de um estado singlete excitado, quer diretamente quer por cruzamento entre sistemas. A degradação fotoquímica é iniciada pela fotoionização da molécula de triptofano excitada, resultando na clivagem do anel indol.

O núcleo do cristalino desenvolve rapidamente a cor amarela. Isto deve-se à maior concentração de glutatião no córtex da lente humana em comparação com o núcleo e esta disparidade na concentração de glutatião é ampliada à medida que a lente envelhece. Assim, o córtex é capaz de se proteger dos danos provocados pelos raios UV porque contém uma concentração muito mais elevada de um importante eliminador de radicais livres.

OBJECTIVO DO ESTUDO

Ao rever a literatura, verificou-se que o efeito da radiação UV em animais anfíbios (rãs) não foi estudado. O presente trabalho é um estudo piloto para conhecer o efeito da radiação UV no cristalino da rã.

Os estudos incluem,

1. A rã *(Rana tigrina)* é exposta a uma fonte de raios ultravioleta em condições laboratoriais.

2. O efeito dos UV observado no olho da rã através de achados morfológicos e do

comportamento da rã.

3. A estimativa dos principais parâmetros bioquímicos como,

1. Proteínas totais,

2. Proteínas solúveis,

3. Proteínas insolúveis,

4. Glutatião.

CAPÍTULO 2

MATERIAIS E MÉTODOS

O protocolo experimental para este inquérito foi dividido em duas partes:

1. Irradiação ultra-violeta do cristalino da rã.

2. Bioquímica da opacidade do cristalino induzida por raios ultravioleta.

Fonte de radiação: -

A fonte de radiação utilizada durante o inquérito foram duas lâmpadas de tubo preto (40w, BLB) com emissão máxima a 366nm (Heraeus, Alemanha).

Animais: -

A rã saudável *(Rana tigrina)* foi utilizada como animal experimental.

O animal vivo foi trazido de Ahmedabad.

O animal experimental foi mantido numa sala com temperatura controlada nas respectivas câmaras.

Só foram seleccionados animais adultos saudáveis, sem qualquer doença bacteriana ou fúngica externa.

PARTE 1:

Em cada conjunto de experiências, foi utilizado um total de animais, entre os quais 12 animais foram mantidos em diferentes câmaras de radiação sob as respectivas fontes de radiação (luz UV e luz normal). No total, foram classificados dois grupos para a experiência.

GRUPO 1:- As rãs (designadas como expostas à radiação UV) foram expostas 6 horas por dia à radiação de uma lâmpada de tubo preto (2 x 40 W, BLB, Heraus, Alemanha) com uma intensidade de 300 lux (medida com um luxímetro) à superfície da água e de cerca de 325 lux até ao fundo do aquário.

GRUPO 2:- Os animais (rã) (controlo designado) foram mantidos sob iluminação normal de laboratório, num ciclo natural de luz e escuridão.

PARTE 2: ESTUDO BIOQUÍMICO DE LENTES EXPOSTAS AOS RAIOS ULTRAVIOLETA

O estudo bioquímico da exposição aos raios UV e dos respectivos controlos foi efectuado na lente ocular.

Foram utilizados cerca de 4, 4, 4 animais para o estudo de cada parâmetro bioquímico. Em intervalos regulares (como mencionado acima), os animais experimentais e de controlo foram sacrificados e as lentes foram recolhidas dos globos oculares, 10 minutos após a anestesia e o peso das lentes, a amostra foi recolhida numa balança (MZP, G dansk, Polland) sensível a 0,01 mg.

Todos os produtos químicos e reagentes utilizados no procedimento dos parâmetros bioquímicos eram de grau analítico (AR) ou GR ou quimicamente puros. Foi dada prioridade às qualidades AR e GR. Estavam disponíveis em "Sd" fine chem Pvt. Ltd., British drug houses (India) Pvt. Ltd. LobaChem Pvt. Ltd., Qualigens Fine Chemicals, Merck India Pvt. Ltd. Os reagentes preparados foram armazenados no frigorífico.

1) Medição do nível de proteínas:

As proteínas solúveis e insolúveis do cristalino foram determinadas pelo método padrão de Lowry etal, 1951.

Reagentes e produtos químicos: -

1. Solução de hidróxido de sódio 0,3 N

2. Solução de tartarato de potássio e sódio a 2%

3. Solução de sulfato de cobre a 1%

4. Solução de carbonato de sódio a 2% em hidróxido de sódio 0,1 N, 1 g de hidróxido de sódio dissolvido em 250 ml de água destilada, a que se adicionaram 5 g de hidróxido de sódio.

5. Solução alcalina de sulfato de cobre: a 100 solução 4, adicionou-se 1,0 ml da solução 2 e 1,0 ml da solução 3.

Esta solução foi sempre preparada de fresco.

6. Reagente fenólico de Folin-Ciocalteu diluído em água destilada (1:2)

Procedimento: -

As lentes pesadas foram homogeneizadas em água destilada fria e centrifugadas a 10000 g durante 30 minutos e o sobrenadante foi utilizado para determinar os níveis de proteínas solúveis e o sedimento foi dissolvido num volume conhecido de NaOH 0,3 N e foram retiradas alíquotas para a estimativa das proteínas insolúveis em água. A 0,1 ml da solução de amostra solúvel e insolúvel, adicionaram-se 0,9 ml de água destilada e 5,0 ml de solução alcalina de sulfato de cobre, agitou-se imediatamente e incubou-se durante 30 minutos à temperatura ambiente. A absorvância da cor azul obtida foi lida a 600 nm. Nos tubos em branco, em vez da amostra, utilizou-se água destilada ou NaOH 0,3N.

A concentração de proteínas foi calculada utilizando a fórmula:

$$\frac{530 \times dilution \times abs.}{Aliquot \times tissue\ weight}$$

2) Medição do nível de glutatioproteína:

Medição dos níveis de glutatião (GSH) no cristalino da rã utilizando o método de Ellman.

Reagentes e produtos químicos:

1. 0,01 M de ácido 5, 5'-ditiobis-2-nitro-benzoico (DTNB) recentemente preparado em álcool absoluto.

2. 0,05 M de sal dissódico do ácido etilenodiamino tetra-acético (EDTA).

3. Tampão Tris 0,4 M com EDTA 0,02 M, pH 8,9

4. 20% Ácido tricloroacético (TCA)

Procedimento: -

As lentes pesadas foram homogeneizadas em EDTA 0,05 M (0,75 ml) e TCA 20% (0,75 ml).

Este homogenato foi centrifugado a 8000 g durante 20 minutos e o sobrenadante foi utilizado para a determinação da GSH na porção solúvel. A reação consiste em 0,4 ml de sobrenadante, 0,2 ml de EDTA 0,05 M, 0,2 ml de TCA 20%, 0,59 ml de tampão Tris HCL (0,4M) e 10 µl de DTNB.

O teor de GSH das lentes foi calculado utilizando a fórmula:

$$\frac{Y - 0.00314}{0.0134} \times \frac{dilution}{Lens\,wt. \times aliquot}$$

Em que Y= absoluto a 421nm

Valor expresso em µ mol de glutatião reduzido por mgm de lente (µ mol/mgm).

CAPÍTULO-3

RESULTADOS

Estudo morfológico e comportamental

Embora não tenham sido registadas alterações visíveis na transparência das lentes, a pigmentação à volta dos olhos e, em particular, a pigmentação das pupilas (íris) tinha aumentado de forma notável.

Por outro lado, a pigmentação da pele diminuiu e a secreção de muco foi maior. A rã tratada foi encontrada coberta com mais muco amarelado, o que não foi encontrado na rã de controlo.

O comportamento da rã tratada também mostra alguma diferença em relação ao normal. Permanecem no grupo no fundo do contentor. Normalmente, durante a exposição, não se alimentam e mostram-se lentas.

Estudo bioquímico

É efectuada a estimativa bioquímica dos principais parâmetros que são importantes na opacidade do cristalino. O principal parâmetro é a proteína. As alterações na quantidade de proteínas no animal controlado permaneceram quase constantes, enquanto a quantidade na rã irradiada com UV diminuiu em resposta à exposição aos UV. A quantidade de proteínas solúveis diminuiu na rã exposta e a quantidade de proteínas insolúveis diminuiu em função do tempo de exposição. Outro parâmetro importante é o glutatião. O nível de glutatião na rã tratada com UV diminuiu.

Proteína:-

Proteínas solúveis

Níveis de proteínas solúveis em lentes normais de rã com diferentes durações de exposição.

Nas lentes de rã controladas, a quantidade de proteína solúvel no mês zero de exposição foi de 448,25 μ gms/mgm de peso da lente. De acordo com a exposição, a quantidade de proteína solúvel diminuiu de acordo com a idade. No primeiro mês, a depleção é de 10,65% (400,51 μ gms/mgm de peso da lente), depois das lentes normais de rã, no segundo mês a depleção é de 14,47% (383,34 µ gms/mgm de peso da lente). No terceiro mês, a depleção é de 15,92% (372,51 µ gms/mgm de peso da lente). No quarto mês, a diminuição é de 21,07% (353,77 µ gms/mgm de peso da lente).

Níveis de proteínas solúveis em lentes de rã irradiadas com UV de diferentes durações de exposição:-

Foi observada uma depleção muito rápida da quantidade de proteína solúvel em relação à exposição aos raios UV. No 1st mês, a depleção é de 22,98% (343,19µ gms/mgm de peso da lente). No 2nd mês a depleção é de 47,42% (235,66 µ gms/mgm de peso da lente), no 3rd mês é de 67,48% (145,74µ gms/mgm de peso da lente), no 4th mês é de 18,38% (83,44 µ gms/mgm de peso da lente).

Nível de proteínas solúveis em lentes de rã de controlo e irradiadas com UV em diferentes períodos de exposição:-

A diferença entre os valores de proteína solúvel do controlo e do tratado no 1st mês é de 15,01%, no 2nd mês 37,98%, no 3rd mês 60,87%, enquanto no 4th mês é de 76,41%.

Quadro-1 Níveis de proteínas solúveis nas lentes de rã controladas e tratadas

Sr No.	Duration of exposure	Control	Treated	Percentage difference
1	0 Month	448.25 ± 0.9168 (4)	-	-
2	1 Month	400.51 ±1.0395 (4)	343.19 ±0.7096 (4) P<0.001	15.01%
	P.D.: 1/2	10.65%	22.98%	
3	2 Month	383.34 ±1.6575 (4)	235.66 ±1.1995 (4) P<0.001	37.98%
	P.D.: 1/3	14.47%	47.42%	
	P.D.: 2/3	4.28%	31.33%	
4	3 Month	372.51 ±0.4389 (4)	145.74 ±0.2907 (4) P<0.001	60.87%
	P.D.: 1/4	15.92%	67.48%	
	P.D.: 2/4	7.00%	57.53%	
	P.D.: 3/4	3.97%	38.15%	
5	4 Month	353.77 ±1.6575 (4)	83.44 ±0.2655 (4) P<0.001	76.41%
	P.D.: 1/5	21.07%	18.38%	
	P.D.: 2/5	11.66%	75.68%	
	P.D.: 3/5	7.71%	64.59%	
	P.D.: 5/5	5.02%	42.74%	

Os valores são a média ± S.E. O número entre parênteses indica o tamanho da amostra, P.D. indica a diferença percentual, Unidade=µ gms/mgm de peso da lente

PROTEÍNAS INSOLÚVEIS:-

Nível de proteínas insolúveis em lentes normais de rã em diferentes períodos de exposição:-

Na lente da rã de controlo, verificou-se que a quantidade de proteína insolúvel aumentava com a idade. Na rã normal não exposta, a quantidade de proteína insolúvel é de 400,9 μ gms/mgm de peso da lente. No primeiro mês, o aumento é de 6,40% (426,58 μ gms/mgm de peso da lente), no segundo mês é de 13,30% (454,26 μ gms/mgm de peso da lente), no terceiro mês é de 17,27% (470,16 μ gms/mgm de peso da lente) e no quarto mês é de 18,62% (475,57 μ gms/mgm de peso da lente).

Níveis de proteínas insolúveis em lentes de rã irradiadas com UV em diferentes períodos de exposição:

O aumento constante da quantidade de proteína insolúvel é registado de acordo com a duração da exposição aos raios UV. No primeiro mês, o aumento do nível registado é de 17,63% (471,6 μ gms/mgm de peso da lente), no segundo mês é de 37,56% (548,5 μ gms/mgm de peso da lente)), no terceiro mês é de 40,64% (563,83 μ gms/mgm de peso da lente)) e no quarto mês é de 44,98% (581,23 μ gms/mgm de peso da lente).

Nível de proteínas insolúveis em lentes de rã de controlo e irradiadas com UV.

A diferença entre os valores das proteínas insolúveis do controlo e do tratamento no primeiro mês é de 10,55%, no segundo mês de 212,02%, no terceiro mês de 19,92% e no quarto mês de 22,21%.

Quadro-2 Níveis de proteínas insolúveis nas lentes de rã controladas e tratadas

Sr No.	Duration of exposure	Control	Treated	Percentage difference
1	0 Month	400.9 ± 1.0709 (4)	-	-
2	1 Month	426.58 ±1.6074 (4)	471.6 ±1.8107 (4) P<0.001	10.55%
	P.D.: 1/2	6.40%	17.63%	
3	2 Month	454.26 ±0.9471 (4)	548.5 ±1.8107 (4) P<0.001	21.02%
	P.D.: 1/3	13.30%	37.56%	
	P.D.: 2/3	6.48%	16.30%	
4	3 Month	470.16 ±1.2149 (4)	563.63 ±0.4533 (4) P<0.001	19.92%
	P.D.: 1/4	17.27%	40.64%	
	P.D.: 2/4	10.21%	19.55%	
	P.D.: 3/4	3.50%	2.79%	
5	4 Month	475.57 ±1.1171 (4)	581.23 ±0.7766 (4) P<0.001	22.21%
	P.D.: 1/5	18.62%	44.98%	
	P.D.: 2/5	11.14%	23.24%	
	P.D.: 3/5	4.69%	5.96%	
	P.D.: 5/5	1.15%	3.08%	

Os valores são a média ± S.E. O número entre parênteses indica o tamanho da amostra, P.D. indica a diferença percentual, Unidade=µ gms/mgm de peso da lente

PROTEÍNAS TOTAIS-

Embora tenham sido registadas alterações insignificantes na amostra controlada, as lentes de rã irradiadas com UV mostraram uma diminuição contínua da quantidade de proteínas totais.

As diferenças entre a rã controlada e a rã irradiada com UV são significativas. O valor normal na rã não exposta é de 849,15 μ gms/mgm de peso da lente). [nd]No primeiro mês a diferença é de 7,21%, no segundo mês a diferença é de 7,36%, no terceiro mês é de 16,77% e no quarto mês a diferença é de 16,23%.

Tabela-3 Níveis de proteínas totais nas lentes de rã controladas e tratadas

Sr No.	Duration of exposure	Control	Treated	Percentage difference
1	0 Month	849.15 ± 0.9595 (4)	-	-
2	1 Month	767.1 ±0.4518 (4)	814.78 ±1.1467 (4) P<0.001	7.21%
	P.D.: 1/2	9.66%	4.04%	
3	2 Month	837.45 ±1.0846 (4)	784.17 ±1.255 (4) P<0.001	7.36%
	P.D.: 1/3	1.37%	7.65%	
	P.D.: 2/3	9.17%	3.75%	
4	3 Month	842.68 ±1.0200 (4)	709.75 ±0.4823 (4) P<0.001	16.77%
	P.D.: 1/4	0.76%	16.41%	
	P.D.: 2/4	9.85%	12.89%	
	P.D.: 3/4	0.62%	9.48%	
5	4 Month	784.35 ±1.0469 (4)	664.87 ±0.4209 (4) P<0.001	16.23%
	P.D.: 1/5	7.63%	21.70%	
	P.D.: 2/5	2.24%	18.39%	
	P.D.: 3/5	6.34%	15.21%	
	P.D.: 5/5	6.92%	6.32%	

Os valores são a média ± S.E. O número entre parênteses indica o tamanho da amostra, P.D. indica a diferença percentual, Unidade=µ gms/mgm de peso da lente

GLUTATIONE-

O nível de glutatião no cristalino normal da rã encontra-se em diferentes grupos etários.

Os níveis de glutatião em lentes de rã controladas, com a duração da exposição, mostram alterações insignificantes.

Níveis de glutatião em lentes de rã irradiadas com UV em diferentes períodos de exposição.

É registada uma depleção contínua nas lentes de rã irradiadas com UV de diferentes durações de exposição a UV. Os valores de glutatião na rã não exposta são 2,0925 μ mols/gms de peso húmido da lente.) No primeiro mês, a depleção é de 36,80% (1,32 μ mols/gms de peso húmido da lente). No segundo mês, é de 46,31% (1,1212 μ mols/gms de peso húmido da lente). No terceiro mês, a depleção é de 62,13% (0,7909 μ mols/gms de peso húmido da lente). No quarto mês, a depleção é de 73,59% (0,5515 μ mols/gms de peso húmido da lente).

Níveis de glutatião em lentes de rã controladas e irradiadas com UV em diferentes períodos de exposição:

A diferença entre os valores de glutatião das lentes controladas e tratadas no primeiro mês é de 60,53%, no segundo mês é de 45,76%, no terceiro mês é de 35,43%, enquanto no quarto mês a diferença é de 25,37%.

Tabela-4 Níveis de glutatião (GSH) nas lentes de rã controladas e tratadas

Sr No.	Duration of exposure	Control	Treated	Percentage difference
1	0 Month	2.0925 ± 0.0095 (3)	-	-
2	1 Month	2.255 ±0.0204 (3)	1.32 ±0.0093 (3) P<0.001	60.53%
	P.D.: 1/2	7.98%	36.80%	
3	2 Month	2.3925 ±0.0370 (3)	1.1212 ±0.0204 (3) P<0.001	45.76%
	P.D.: 1/3	14.54%	46.31%	
	P.D.: 2/3	6.07%	15.05%	
4	3 Month	2.2905 ±0.0963 (3)	0.7909 ±0.0085 (3) P<0.001	35.43%
	P.D.: 1/4	9.65%	62.13%	
	P.D.: 2/4	1.54%	40.07%	
	P.D.: 3/4	4.26%	29.45%	
5	4 Month	2.0958 ±0.0324 (3)	0.5515 ±0.0106 (3) P<0.001	25.37%
	P.D.: 1/5	0.33%	73.59%	
	P.D.: 2/5	7.08%	58.21%	
	P.D.: 3/5	12.40%	50.80%	
	P.D.: 5/5	8.50%	30.26%	

Os valores são a média ± S.E. O número entre parênteses indica o tamanho da amostra, P.D. indica a diferença percentual, Unidade= μ gms/mgm de peso da lente

CAPÍTULO-4

DISCUSSÃO

O olho é o órgão singular, constituído por vários tecidos integrados em função para facilitar o processo visual. Contém um conjunto contrastante de tipos de células, desde as neurais às epiteliais e às pigmentares. Tem os tipos de células metabolicamente mais activos, juntamente com as células menos activas.

As rãs são animais anfíbios que vivem num ambiente anfíbio sob exposição contínua à luz UV, uma vez que a camada de água é transparente à radiação UV. A radiação UV provoca danos nos olhos e nos receptores da pele. A rã é a segunda classe de animais vertebrados, pelo que as alterações dos parâmetros do cristalino da rã devidas à radiação UV podem aplicar-se a outros vertebrados e também aos seres humanos.

Relatórios recentes centraram a atenção na luz solar como possível fator cataratogénico. Pirie (1971) demonstrou que a exposição direta das proteínas do cristalino à luz solar as alterava química e fisicamente através da foto-oxidação dos aminoácidos aromáticos que as compõem. Zigman (1971), Grover e Zigman (1972) e Zigmanetal. (1972, 1973) demonstraram que a exposição dos mesmos aminoácidos aromáticos na forma livre aos raios ultravioletas produzia produtos foto-oxidantes que se ligavam rápida e firmemente a proteínas semelhantes às do cristalino, de modo a alterar as suas propriedades químicas e físicas. Uma conclusão a que se chegou com base neste trabalho é que as alterações cumulativas nestas proteínas da lente resultantes da exposição da lente à luz solar poderiam resultar, ao longo de um período de muitos anos, numa diminuição da sua transmissão de luz, o que também se verifica através da utilização de luz de difração em lentes expostas a UV.

Os resultados obtidos durante a exposição são os seguintes:

1. Diminuição da quantidade de proteínas totais na rã irradiada com UV.

2. Uma diminuição contínua da fração solúvel no cristalino de rã irradiado com UV em comparação com o cristalino de rã de controlo.

3. Aumento contínuo da fração insolúvel na lente de rã irradiada com UV em comparação

com a rã de controlo.

4. Uma diminuição contínua da quantidade de glutatião (GSH) na rã irradiada com UV em comparação com a rã de controlo.

Estes resultados podem ser discutidos da seguinte forma:

Os resultados aqui apresentados demonstram que algumas das alterações que ocorrem nas proteínas do cristalino catarata podem ser explicadas em termos de mecanismos fotoquímicos envolvidos no triptofano. Estas alterações podem incluir a conversão de metionina em sulfóxido de metionina, cisteína em ácido cístico e a perda de cisteína e histidina.

Embora os eventos iniciais desta reação fotolítica pareçam ser a absorção direta da luz pelos resíduos de triptofano da proteína da lente, não é exatamente claro como os outros aminoácidos são afectados. São vários os processos conhecidos que podem explicar este efeito. Durante a fotólise, o triptofano pode ejetar alguns electrões (Gross wiener, Kalwssar e Baugher, 1976) que podem reagir com outras partes da proteína ou com substratos como os aminoácidos ou o oxigénio. Por exemplo, sabe-se que estes electrões hidratados podem clivar o dissulfureto formando RS- +RS. (Schafferman e Stein, 1974), que podem reagir internamente. Estes grupos resultantes podem continuar a reagir com as proteínas e podem resultar na formação de ligações dissulfureto, o que acaba por provocar um aumento das proteínas insolúveis e uma diminuição das proteínas solúveis. Esta reação explicaria a aparente falta de formação de dissulfuretos nas experiências fotolíticas em comparação com o controlo do ar. De facto, os dissulfuretos são provavelmente formados, mas são convertidos nas espécies intermédias acima referidas. Estes internos reagem posteriormente e são detectados como uma perda de cisteína total.

É também possível que a histidina seja igualmente destruída desta forma, mas esta é a possibilidade mais provável. Após a fotólise, o triptofano é convertido noutra molécula que pode provocar a distração de alguns aminoácidos. Vários investigadores sugeriram que, no ar, o triptofano proteico se transforma em N-formilquinurenina (Pirie, 1971), que é um gerador eficaz de oxigénio singlete (Waterant e Sartus, 1974). Esta última espécie é altamente reactiva e pode causar algumas das alterações observadas (Foote, 1974), tais como a destruição da histidina e a conversão da metionina em sulfóxido de metionina.

A fração proteica insolúvel do cristalino foi recentemente definida como os derivados das cristalinas insolúveis em água. É geralmente aceite que tanto a concentração relativa como a absoluta de albuminóides aumentam com a idade na maioria das espécies.

Existem provas consideráveis de que a mudança de proteína solúvel para insolúvel está associada à perda de grupos -SH. Estes dados indicam que um dos processos envolvidos na formação de proteínas insolúveis é a formação de pontes dissulfureto.

É também possível que o flurogénio desempenhe um papel na formação de proteínas insolúveis a partir de um ou mais precursores proteicos solúveis através da ligação C-S.

A diminuição dos danos observada com o aumento da concentração sugere que as taxas reais de fotólise diminuem com o aumento da concentração de proteínas. A uma concentração mais elevada, a proteína parece ficar protegida dos danos fotolíticos. Uma explicação possível é que a proteção se deve ao aumento da agregação observada em concentrações mais elevadas (Li, 1979). As alterações de conformação a estas concentrações mais elevadas podem fornecer vias de desativação para o triptofano não disponíveis a uma concentração mais baixa.

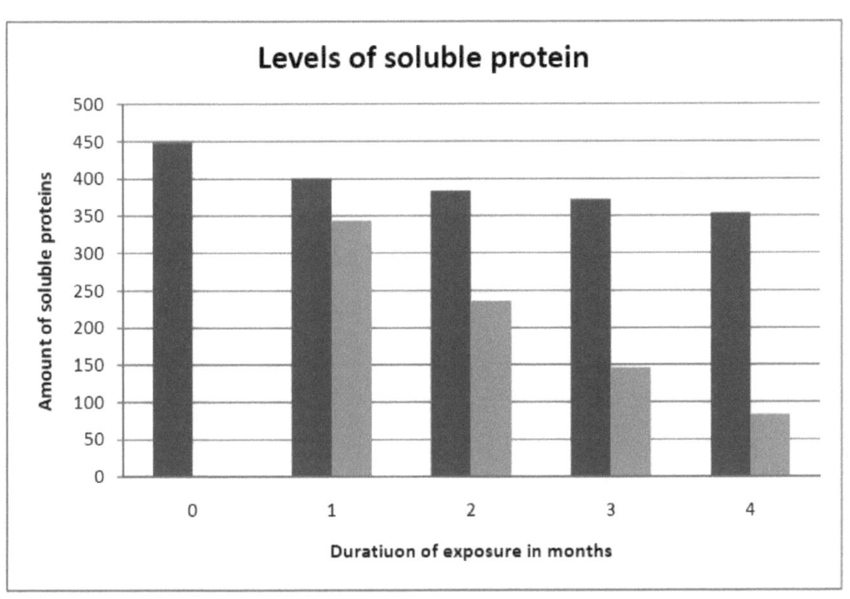

Levels of soluble protein
Amount of soluble proteins
500
450
400
350
300
250
200
150
100
50
0
0
1
2
3
4
Duratiuon of exposure in months

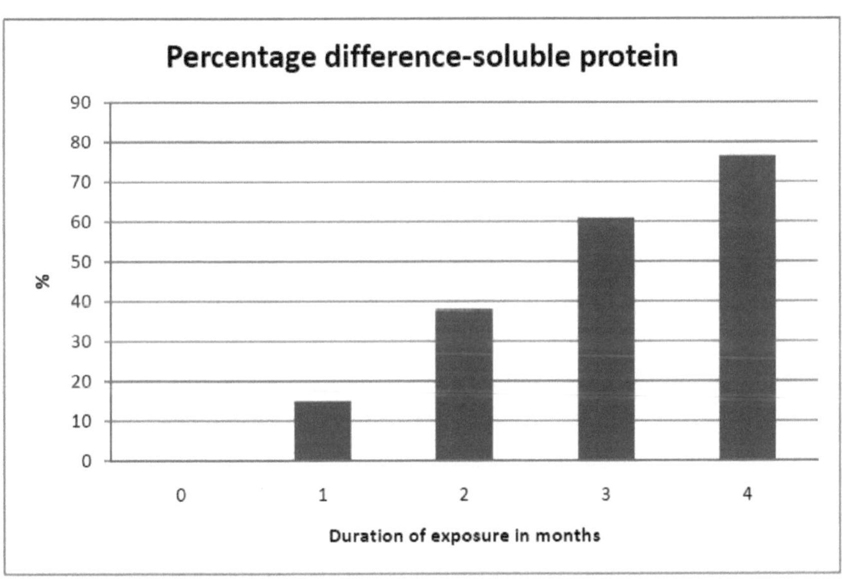

Percentage difference-soluble protein
%
90
80
70
60
50
40
30
20
10
0
0
1
2
3
4
Duration of exposure in months

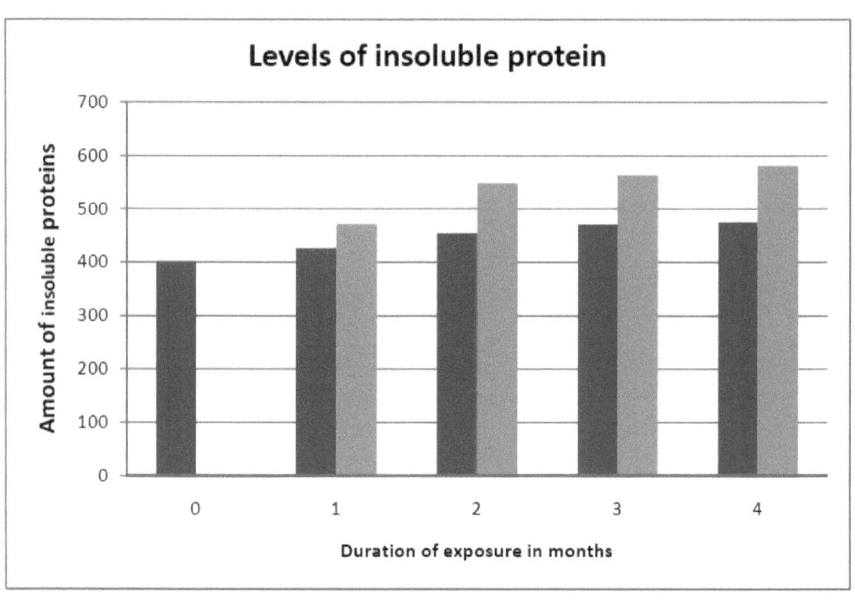

Levels of insoluble protein
Amount of insoluble proteins
700
600
500
400
300
200
100
0
0
1
2
3
4
Duration of exposure in months

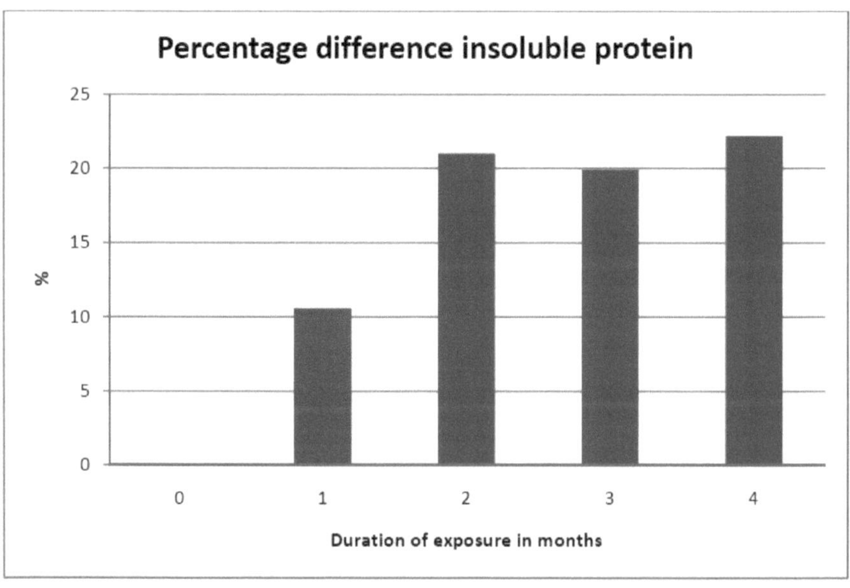

Percentage difference insoluble protein
%
25
20
15
10
5
0
0
1
2
3
4
Duration of exposure in months

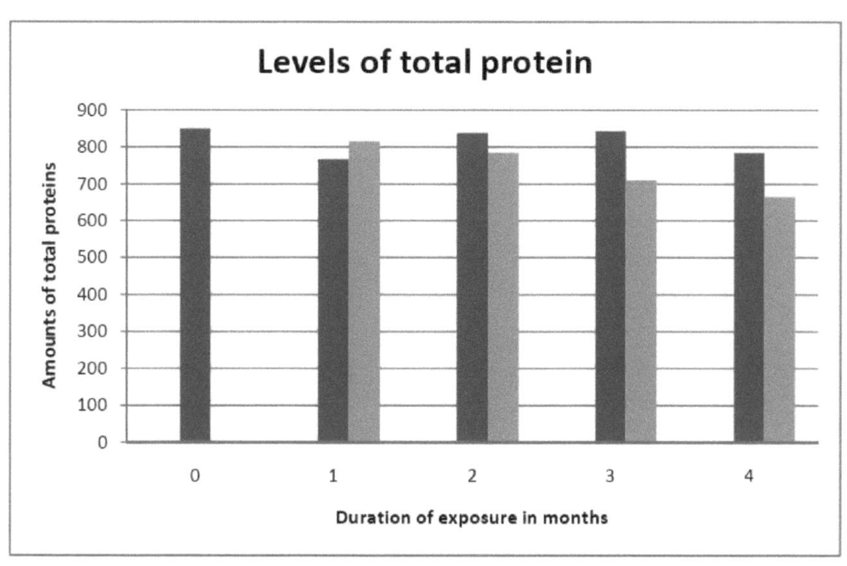

Levels of total protein
Amounts of total proteins
900
800
700
600
500
400
300
200
100
0
0
1
2
3
4
Duration of exposure in months

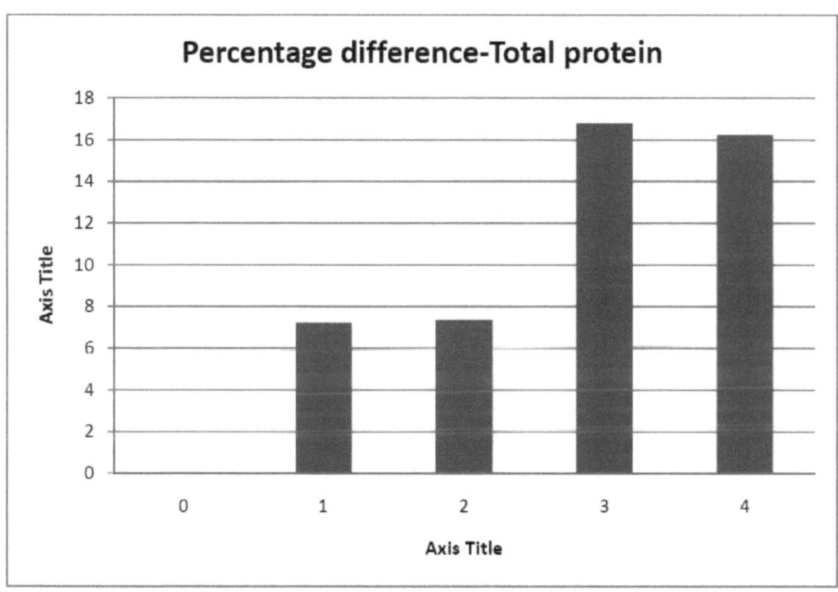

Percentage difference-Total protein
18
16
14
12
10
8
6
4
2
0
Axis Title
0
1
2
3
4
Axis Title

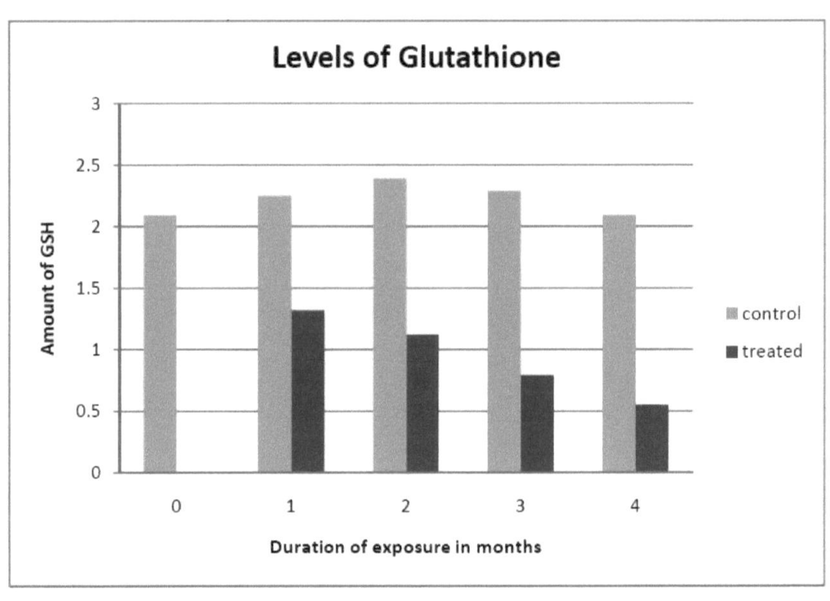

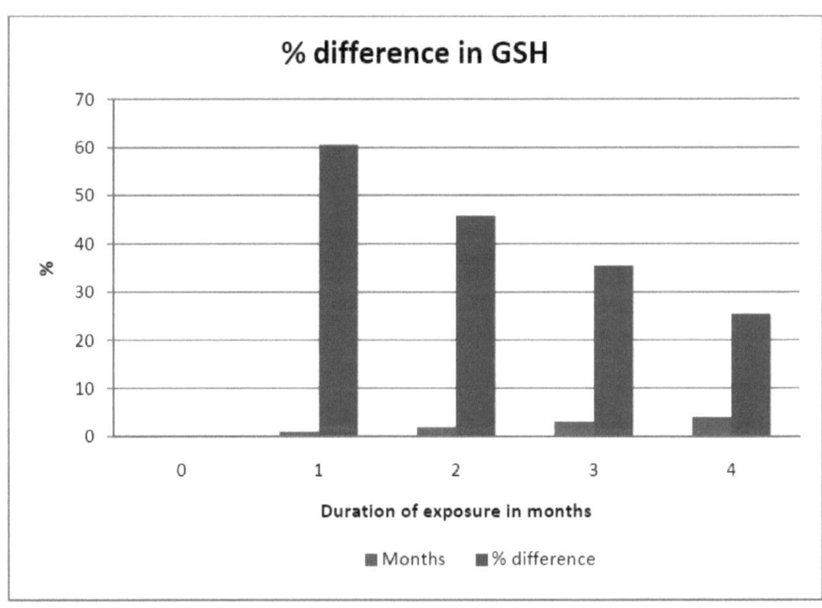

CAPÍTULO-5

CONCLUSÃO

Vários mecanismos são responsáveis pela oxidação do cristalino, dos quais a radiação UV próxima (UVA) é provavelmente o principal fator. Foi demonstrado que a exposição prolongada aos UVA pode causar cataratas em animais de laboratório (Zigmanetal, 1974 e Jain, 1987) e vários estudos epidemiológicos sugerem que a radiação UV próxima da luz solar contribui para o desenvolvimento de cataratas senis. (Zigmanetal, 1974 e Taylor, 1980).

As rãs, com uma esperança de vida de cerca de dois a três anos, podem ser mantidas num contentor e são animais de laboratório ideais para estudar o efeito da radiação UV próxima no cristalino (Crylin, Pedvis & Sugar, 1980).

A radiação UV próxima altera as proteínas do cristalino e contribui para o desequilíbrio dos diferentes cristais, provocando a aceleração da cataratogénese.

Este estudo revela que a exposição de lentes de rã a diferentes durações de exposição à radiação UV próxima gera alterações nas proteínas solúveis e insolúveis em água. O nível de glutatião (GSH) também se encontra alterado.

Neste estudo, durante a exposição inicial à radiação UV próxima, a diminuição da quantidade de proteína solúvel em água é simultânea com o aumento da proteína insolúvel, o que se deve à formação de dissulfureto ou de dissulfuretos mistos entre a proteína e o glutatião, o que leva à agregação e insolubilização da proteína.

Não foi observada uma progressão significativa dos danos à medida que a duração da exposição aumenta. Pode ser que o mecanismo de defesa contra insultos oxidativos seja eficaz.

CAPÍTULO-6

BIBLIOGRAFIA

Alcaca, J. e Maisel, H. (1985) - In ocular lens structure, functions and pathology.

Anderson, E.I. e Spector, A. (1978) - O estado dos grupos sulfidrilo na proteína lente humana normal e catarata. Exp Eye Res, 26:407

Augusteane, R.C. (1981) - Mechanism of cataract formation in human lens, Duncon G. Academic Press, London.

Biomendel, H. (1981) - Molecular and cellular biology of the eye lens, John Willey and Sons, Nova Iorque.

Borkman R.F. e Lerman, S. (1977) - Evidência de um mecanismo de radicais livres no envelhecimento e na lente ocular irradiada por UV. Exp Eye Res, 25:303-309

Borkman R.F. e Mc Laughlin, J. (1995) - A função de chaperon molecular dos cristais é prejudicada pela fotólise UV, photochemphotobiol. 62,6.

Crylin, M.N, Pedvis-Leftick, A. e Sugar, J. (1980) - Associação da formação de cataratas com a foto-sensibilidade aos raios UV, A. nn. Opthol, 12, 786-790.

Ellman, G.L. (1959)- Grupos sulfidais dos tecidos. Arch. Biochem. FÍSICA 7082

Grynfelt. Bio. Anat. (Paris), 15, 177 (1906)- Como citado em Duke-Elders, System of Opthal. Vol-I, 1958

Hess V. Wintersteins Hab. Vergl, Physiol, Jena 4,1 (1912)- Como citado em DukeElders, System of Opthal. Vol-I, 1958

Jain N.K. (1987)- Influence of environmental radiation on crystalline lens, Tese de Doutoramento apresentada à Universidade de Gujarat.

Lerman, S.(1980)- Catarata por radiação UV em humanos, Opthalmic Res. 12, 303-314.

Lerman, S. (1980)- In radiation energy and the eye, Editado por Sidney Lerman, Mac Millan Pub. Co. New York.

Maggiore RicercheMorfol. SullapparatoPalpebraleDegliAnfibi, Roma (1912)- Como citado em Duke-Elders, System of Opthal. Vol-I, 1958

Mann. Trans. Opthal. Soc. UK, 49, 353 (1929) - Como citado em Duke-Elders, System of Opthal. Vol-I, 1958

Millot Le Pigment Puruque Chez Les Vertebrates in ferleurs, Peris (1923) - Como citado em Duke-Elders, System of Opthal. Vol-I, 1958

Taylor, H.R. (1980)- O Ambiente e as Lentes, Brt. J. Ophthal, 64, 303-310.

Tretykoff, 2. Wiss. Zool. 80, 327 (1906). Anat. Anz. , 28, 25 (1906)- Como citado em Duke-Elders, System of Opthal. Vol-I, 1958

Zigman, S. (1981)- Radiação UV e cataratogénese, Inv. Ophthamol, 18 (Suptl.) 128

Zigman, S., Paxhia, T e Waldronm W. (1988) - Efeito da radiação UV próxima nas proteínas do cristalino do esquilo cinzento. Cur. Eye Res. 7,531-538

I want morebooks!

Buy your books fast and straightforward online - at one of world's fastest growing online book stores! Environmentally sound due to Print-on-Demand technologies.

Buy your books online at
www.morebooks.shop

Compre os seus livros mais rápido e diretamente na internet, em uma das livrarias on-line com o maior crescimento no mundo! Produção que protege o meio ambiente através das tecnologias de impressão sob demanda.

Compre os seus livros on-line em
www.morebooks.shop

info@omniscriptum.com
www.omniscriptum.com

Printed by Books on Demand GmbH, Norderstedt / Germany